LA

JUMÉLIE HUMAINE

PAR

BONNARD-D'APOLLON

MARSEILLE

IMPRIMERIE GIRAUD & DURBEC

24, Rue Pavillon, 24

—

1884

LA

JUMÉLIE HUMAINE

PAR

BONNARD-D'APOLLON

~~~~

MARSEILLE

IMPRIMERIE GIRAUD & DURBEC

24, Rue Pavillon, 24

—

1884

LA JUMÉLIE HUMAINE

La Terre tourne sur son axe depuis des siècles. Depuis des milliers de siècles, des générations de savants et d'observateurs se sont succédées ; mais, aucune d'elles, avouons-le, n'a pas encore pu définir, d'une façon exacte et certaine, ce chef-d'œuvre de la création qui est l'homme !

Certes, le physionomiste Lavater et le phrénologiste Gall ont fait faire un grand pas à cette science, dont le but sublime est de donner à l'homme le pouvoir de se connaître.

Néanmoins, les résultats acquis jusqu'à ce jour, sont loin d'être satisfaisants pour que nous restions indifférents au point de ne pas poursuivre l'œuvre dont ces deux grands maîtres de la science nous ont tracé la route.

Certes, nous n'avons pas la prétention de vouloir nous mettre en parallèle avec Gall et Lavater. Loin de nous cette pensée ; mais, nous nous croyons autorisé à émettre le résultat de nos longues et patientes recherches, dans la persuasion d'être compris par les personnes qui nous feront l'honneur de jeter un coup d'œil sur notre travail.

Notre but, le seul auquel nous aspirions et que nous cherchons à atteindre, est celui de faire toucher du doigt une cause intéressante au point de vue de la race humaine et qui se trouve malheureusement encore dans le domaine de l'inconnu.

La Jumélie, telle que nous l'entendons, n'est pas tout à fait ce que l'on croit, c'est-à-dire deux êtres issus de la même mère.

La Jumélie humaine, d'après notre sentiment et notre appréciation, existe dans un seul individu. Il y a là deux natures dans la même tête.

Ce phénomène est dû au père et à la mère ayant procréés dans un ensemble d'idolâtrie qui, quoiqu'on en pense, n'arrivera pas toujours.

L'acte de la procréation n'est que pour la satisfaction des sens ; lesquels n'agissent que d'une manière souvent indifférente, le plus souvent encore sans passion aucune.

En dehors de cet amour idéal il ne peut rien y avoir de commun avec l'amour conjugal.

Les enfants créés par l'amour vrai se reconnaissent par l'élégance de leur tournure et la noblesse de leur maintien.

En général, les physionomistes ont reconnu que l'espèce humaine perd de sa pureté de génération en génération.

En France, surtout, nous ne sommes plus ces vaillants Gaulois luttant contre toutes sortes d'obstacles et d'innombrables ennemis. On ne voit plus ces nobles et belles figures de guerriers qui ont illustré le moyen âge. Pouvons-nous espérer revoir encore cette race qui tend chaque jour à disparaître ?

La nature qui produit simultanément le bien et le mal, qui va du simple au composé, peut-elle permettre cette régénération de l'espèce humaine ?

Les causes du double, bien connu des savants, donnent matière à une foule de réflexions. Ce point, tout naturel en lui-même, nous a permis de faire connaître une cause ignorée, dont les effets se font si clairement remarquer dans le règne animal.

L'homme étant au premier degré de l'échelle sociale, il est naturel que nous portions tout d'abord notre attention sur lui.

Dans notre étude, nous ne cherchons qu'un but : plaire à nos lecteurs par l'utilité incontestable de nos patientes recherches et par les résultats dont chacun de nous peut et doit bénéficier.

Nous nous ferons donc un devoir de constater que tous les êtres qui, en général, ont été conçus sans amour et sans passion, sont simples comme certaines fleurs ; tandis qu'au contraire les enfants produits par l'amour prennent, en naissant, le titre d'amphycéphale, c'est-à-dire nés avec les deux natures, celle du père et celle de la mère. C'est à ce dernier cas que l'on doit véritablement attribuer la Jumélie humaine.

Le lecteur doit comprendre que l'ensemble des êtres qui ont été conçus sous la puissance de l'amour idéal, qu'ils soient masculins ou féminins, sont représentés par des effets physiques difficiles à être bien saisis *à priori*. Cette thèse pourra étonner bien des gens ; mais chacun voudra savoir s'il a été conçu sous l'influence de l'amour ou si ses père et mère ont seulement obéi à une brutale satisfaction des sens. On ne peut que blâmer et plaindre tout à la fois les individus qui ne produisent que des êtres nuls.

Procréer sans amour, mieux vaut le néant ! C'est préférable même. L'homme est toujours malheureux lorsque la nature s'est montrée ingrate envers lui sous le côté physique.

Darwin, qui ne partagera peut-être pas nos idées, a cru trouver dans l'abus alcoolique le renouvellement du genre humain.

Or, si ce moyen de sélection, fort simple en lui-même, pouvait atteindre le but que nous cherchons, ce serait une merveille ; et, sans vouloir critiquer ce savant américain, nous dirons que nous sommes loin de partager ses idées.

Nous ne pensons pas qu'avec des liqueurs de toute nature l'on puisse parvenir à régénérer, à augmenter et surtout à perfectionner la beauté humaine.

Il est donc préférable de recourir à l'amour idéal.

Ces causes, dépendantes de l'absence d'énergie des procréateurs, ont été bien souvent observées sans que l'on puisse s'en douter.

Un fait qui trouve ici sa place, c'est de constater que les enfants procréés par l'amour sont toujours privilégiés par la nature.

Ne voit-on pas dans les mêmes familles que le plus souvent les enfants, issus du même père et de la même mère, ont des différences physiologiques assez remarquables.

Cela tient donc à l'empire de l'amour qui varie suivant le temps et l'influence des constellations sous lesquelles les enfants ont été procréés.

Le champ des causes inconnues est si vaste que ces dernières passent inaperçues.

Ces mêmes causes, lorsqu'elles portent leur empire sur deux êtres procréateurs, donnent des sujets doubles d'où prend naissance le parfait idéal.

Si un seul des procréateurs possède l'idéal de l'amour, il ne peut y avoir qu'un être monocéphale, c'est-à-dire qui ne tient qu'à une seule nature ; et alors le sujet entre dans la catégorie de ces êtres mixtes à tête ronde ou ovale qui est la deuxième nature.

Les enfants naturels présentent à peu près les mêmes cas que ceux qui sont légitimes.

La chiromancie accorde pourtant aux enfants d'amour, conçus sous la puissance de Jupiter ou de Vénus, une grande part dans le bonheur de la vie privée.

Les têtes ovales, qui sont ordinairement chez les grands hommes politiques ou administratifs, ne sont pas toujours des enfants d'amour. Ils ne tiennent que de l'un des procréants, tandis que les têtes rondes, esprits universels, tiennent le plus souvent des deux procréants et portent sur leurs physionomies l'image réel de leurs père et mère ; c'est ce qui les constituent enfants d'amour, faisant partie de la Jumélie humaine.

Dans tout autre cas, l'enfant qui ne comporte pas l'ensemble de ses père et mère et qui n'ayant pour lui que la représentation de la mère ou celle du père, doit se classer dans la catégorie mixte, laquelle n'atteint jamais la perfection et est le fruit d'une union indifférente conçue dans un amour sans idéal.

Les enfants qui ont été créés, comme il vient d'être dit, possèdent deux physionomies dans une seule tête, laquelle représente le père et la mère. Ceux-là seuls font partie de la Jumélie divine.

Il faut aussi tenir compte de la santé du père et de la mère.

On peut dire ce que la science a opposé à Bernard de Palissy, lorsque ce premier géologue de France dit : « Tout cela n'est que jeu de la nature. »

Ceux que nous présentons aujourd'hui sont tout à fait des effets naturels, bien qu'ils soient inconnus. Ces causes, d'ailleurs, ne resteront pas toujours obscures et nous dirons hautement : « Bienheureux celui qui a été procréé avec le véritable amour et cent fois malheureux celui qui ne l'a été qu'avec la froide indifférence. »

Nous nous faisons donc un sensible plaisir de répéter pour que l'on comprenne bien cet axiome qui consiste à se bien conduire en toute chose.

Dans une de ses satires, Boileau nous a dit que le plus sot animal, à son avis, était l'homme ; et Boileau ne s'est guère trompé, car, à notre avis aussi, l'homme n'a pas assez pénétré l'art et les moyens de la procréation que lui a donné la nature.

Non, l'homme ne connaît rien puisqu'il ne se connaît pas lui-même.

Quoi qu'on en dise, sans amour on ne peut procréer d'une manière finie et complète, attendu que l'enfant reçoit l'influence sous laquelle il a été engendré en bien comme en mal. C'est la pierre de touche pour le renouvellement de l'espèce humaine dans le but d'arriver au perfectionnement désiré. L'on doit tout faire pour ne pas le laisser s'atrophier.

Il est donc nécessaire de faire observer que la science biologique nous indique par ses principes fondamentaux que tout dérèglement et toute ignorance dans l'art de se reproduire sont des causes très-préjudiciables à l'humanité. Procréer avec idéalité c'est imiter la Nature. Il ne faut donc pas dévier de ce principe.

Nous serions heureux, si nos idées pouvaient apporter quelques améliorations à l'espèce humaine qui tend à dégénérer.

Les procréateurs doivent tout faire pour envisager ce point capital de nos observations qui sont dans le nœud de la conception.

Lorsqu'il y a concordance d'amour et d'idées dans l'acte procréateur, on ne peut moins faire que de constituer des êtres parfaitement dignes de toute admiration.

Constatons pourtant, qu'en Europe, trois nations : l'Angleterre, l'Irlande et la Pologne sont dignes d'être mises en relief par la supériorité des êtres conçus. Cela tient à la liberté de la femme dans le choix de leur union.

Rendez la femme tout à fait libre, aussi libre que l'est l'homme, et vous assurerez tout au moins un degré de perfectionnement dans la reproduction de l'espèce humaine.

De tous les peuples de l'Univers, l'Américain tient le premier rang dans ce relèvement. Cela tient, à notre avis, aux mœurs.

Les peuples religieux présentent un plus grand nombre de cas d'abâtardissement ; et cela se conçoit aisément. La femme, se vouant entièrement au culte du Seigneur par les faiblesses qui tiennent de son sexe, a, de tout temps, occasionné la même décadence, résultat du mystérieux. En fait de religion, l'homme, comme la femme surtout, ne peut que s'engloutir sous le joug du détournement.

Nous dirons également que la femme par elle-même s'efforce de dégager son âme de toute passion sensuelle, de cet amour vrai nécessaire à l'être auquel elle a voué son existence ; tandis que les mystères qu'elle adore détournent d'elle les facultés intellectuelles et cela pour toujours. Il est donc très-urgent de considérer que le culte religieux est contraire au relèvement de l'homme. Le fanatisme, que nul n'en doute, porte une grave atteinte morale et physique sur la nature humaine. Voilà pourquoi chacun doit apporter sa part de génie, d'intelligence, de travail dans le but de déraciner de tous les cœurs ces

sots préjugés, ces croyances stupides, ces cultes inavoua-
bles et sans raison qui ne devraient avoir qu'un but
unique : le soleil et l'air !

Si l'homme se pénétrait bien de ces questions, si simples en elles-mêmes et qui, néanmoins, lui paraissent
quelque peu ardues et pleines de mysticismes, il ne
devrait véritablement tourner ses pensées que vers le
culte des astres qui sont l'emblème de la nature ; attendu
que ce sont ces derniers qui lui donnent la vie, la force
et la lumière.

Les enfants que l'on nomme par habitude « naturels »
sont plus beaux et plus heureux que bien d'autres.

A quoi tient cette particularité ?

A la liberté d'action !

Ce sont donc l'Angleterre, l'Irlande et la Pologne qui
l'emportent sur les autres nations ; car ce n'est que dans
ces trois peuples que l'on trouve réellement de beaux
types mâles et femelles, aux physionomies admirables et
qui ne laissent rien à désirer. Ils s'appliquent à l'hygiène
universel.

Nous ferons observer que l'esprit des enfants à deux
figures — masculine et féminine — changent suivant les
astres dominateurs au moment de l'action procréatrice.
Les premiers enfants issus du mariage sont quelques
fois des enfants d'amour. C'est ce point capital qui fait la
force de nos observations et donne raison à notre Jumélie
humaine. Mais la défaillance que l'on remarque dans la
communauté amène constamment la déchéance de ce
sublime degré auquel nous devons nous rattacher avec
esprit. Comme nous l'avons dit déjà, les procréations
doivent s'appliquer à cet acte si important de la reproduction. Nos observations nous permettent de faire,
dès à présent, une intéressante remarque.

Les bossus, dont on rit si souvent, seraient, à notre
avis, les plus aptes à la régénération de l'espèce. La
nature ayant la faculté d'aller du simple au composé et de
reproduire chez les sujets les plus indignes des résultats

magnifiques, il n'est donc pas impossible de prouver que le bossu peut engendrer avec plus de succès que l'homme le mieux constitué. Il est considéré comme ayant une forte dose d'esprit et beaucoup de gaîté. On dit même qu'il a apporté plus de passion, d'ardeur dans l'acte de la procréation.

Quoi qu'il en soit et quoi qu'on en dise, le bossu a pour lui d'être doublé de perfections intérieures. Il n'est pas tout à fait aussi repoussant que ce que l'on veut dire, puisque bien des femmes le trouvent plein d'attraits.

N'a-t-on pas vu de très-jolies personnes épouser des hommes contrefaits et avoir de cette union, que certains peuvent considérer comme une anomalie, des êtres admirablement constitués au moral et au physique ?

Ainsi se termine la procréation parfaite.

Quant aux autres cas, cette procréation n'est que le résultat de l'égarement des sens.

Il nous sera permis de nous étendre plus longuement sur les causes inconnues de la procréation humaine ainsi que de celle des animaux ; mais, la crainte de déplaire à nos lecteurs par des effets qui ne sont pas encore en évidence, nous force à nous arrrêter sur ce point.

La cause de la déviation de la colonne vertébrale chez le bossu, provenant de la mère qui l'a produit, ne consiste pas dans la provenance d'irritabilité féminine qui, chez d'autres, s'appelle vulgairement *envies*. La position de tenue pendant la grossesse de la femme, les causes de longueurs des membranes qui se refusent à la constitution, les parties vitales qui sont refoulées vers l'ancéphale sont des causes qui caractérisent l'esprit mordant dés bossus. Ces derniers, malgré cette difformité, n'en sont pas moins favorisés de la nature.

Donc, tous les effets que l'on peut remarquer ne sont dûs qu'à la volonté de la femme-mère ou à l'impuissance du père auquel manque l'énergie physique pour se soutenir sur ses jambes.

Cette cause était restée inconnue jusqu'à ce jour.

Ce manque d'énergie et d'impuissance du père renaît chez les enfants des bossus ; mais la femme change tout par elle-même, et, seule, elle peut métamorphoser sa progéniture.

L'art de bien connaître l'homme et d'être physiono-miste dans la véritable acception du mot, c'est d'avoir la possibilité de bien se rendre compte de tous les points saillants que peut présenter la tête du sujet qu'on examine.

La bosse frontale est une des particularités principales à étudier.

Les êtres à double nature sont à remarquer par la dépression de la face gauche.

La bosse frontale droite domine la gauche.

La joue gauche est moins saillante que la droite.

Le teint de la peau n'est pas uniforme des deux côtés du visage.

Les cheveux sont un peu plus clair-semés du côté gauche.

Le point le plus saillant est la globule du sein gauche à l'égard de celle de droite.

L'oreille subit également une certaine dépression.

Le nez tourne toujours à droite chez les deux sexes.

Les yeux ne sont pas de même grandeur et la couleur en diffère parfois.

Quand aux signes particuliers du corps, on les reconnaît par la grosseur du sein. La globule est constamment plus volumineuse du côté gauche chez l'homme et du côté droit chez la femme. Les dépressions particulières se font connaître jusqu'aux pieds dont la forme est bien plus petite du côté gauche. Quant à l'ensemble de la tête, il ne faut qu'un coup d'œil pour apercevoir les dépressions qu'elle accuse.

Les femmes à double physionomie sont, pour l'homme, les plus à craindre ; et il doit s'en méfier. Comme aussi il doit prendre garde aux doubles traits, au grand nez. Ces femmes-là ne sont que des viragots et elles sont doublement à craindre en amour.

Les hommes à deux figures ne sont nullement à craindre pour les femmes. Au contraire ! Elles ont tout à gagner ; car, dans ce cas, l'homme féminin est plein de douceur, d'esprit, de capacité et de grâce.

Les hommes, à large bassin imitant la femme, sont portés à servir de modèles en amour. On les reconnaît facilement à leur démarche et à leurs pieds en dedans.

La femme, comme l'homme, gagne à appartenir à la Jumélie humaine. Il en est de même de tous les animaux qui sont au nombre de la création.

Nous ferons remarquer qu'il y a de grands avantages à être conçu au printemps plutôt qu'en hiver. Les êtres conçus au commencement de l'année ont tous l'avantage des influences de Jupiter et de Vénus.

Ceux qui naissent en hiver ou en avril peuvent craindre les affections du cerveau, à moins que la mère, par cette prédisposition à tout changer par ses facultés spirituelles, ne mitige celles de son rejeton et même ne contrarie les astres dominateurs.

Qu'on n'oublie pas le principe suivant :

Homo sapiens dominabitur astriæ.

Les enfants à deux physionomies vivent plus que ceux dont la tête est ovale ou ronde. Mais, les têtes ovales ou rondes font particulièrement plutôt fortune dans le monde.

La gaîté et la frivolité sont le partage des enfants d'amour.

L'homme qui veut avoir de jolis enfants doit tout faire pour cela avant l'acte de procréation ; car, tout dépend de l'imagination.

Sous le règne de Périclès, les femmes mettaient au monde des êtres véritablement privilégiés.

Pouvons-nous espérer que dans un avenir plus ou moins rapproché, étant donné le raffinement de nos mœurs et de nos idées, la France se relèvera de cet affaissement moral et physique ?

Que nos lecteurs se pénètrent bien de l'étude que nous venons de faire. Ils pourront y puiser de salutaires enseignements pour le perfectionnement des races humaines.

Une des causes principales de la déchéance des races humaines ne peut et ne doit être attribuée qu'aux religions de toute croyance qui abrutissent le monde en général.

Nombre de gens, nous n'en doutons pas, vont se récrier, s'indigner. Nous n'en tiendrons pas moins nos dires et nos appréciations que nous considérons comme catégoriques.

Les premiers Gaulois n'étaient-ils pas admirables par leurs constitutions, par leurs physionomies ?

Le christianisme vint s'emparer de toutes les intelligences, de toutes les âmes en les tenant dans un milieu d'affaissement perpétuel. Il était donc inévitable que les effets ne s'en fissent pas sentir.

De siècles en siècles, la déchéance commença. L'amour fut proscrit des mœurs.

Que pouvait-on espérer de cette rénovation dans les mœurs, dans les habitudes, si ce n'est la dégénération de l'espèce humaine. C'est ce qui est arrivé.

Aujourd'hui, instruit par l'expérience, par les études, chacun peut apporter sa part dans la rénovation et la régénération de l'espèce. On doit chercher à s'instruire, à puiser sur tous les sujets, sur tous les phénomènes, les connaissances nécessaires, indispensables à ce sujet. Grâce à l'hygiène Bonnardienne, certains points, restés jusqu'à ce jour inconnus, sont élucidés, présentés qu'ils sont d'une manière claire, nette et précise.

Notre résumé sera également court et concis, puisque nous n'avons pas, en commençant cette étude, eu la prétention d'écrire un gros volume afin de ne pas trop fatiguer le lecteur.

Non ! notre simple opuscule n'a pour but que de faire connaître nos simples observations. N'ayant rien emprunté à aucun écrivain, nous dirons seulement que l'homme sait à quoi s'en tenir à l'égard de son apparition sur le globe depuis que nous avons la connaissance des gourilles sur les bords de mer.

Ce seul fait nous rend parfaitement convaincu que notre espèce sort des profondeurs de la mer ; et le genre humain ne devient ce qu'il est qu'en passant par les milieux topographiques.

Voici, d'ailleurs, l'opinion émise par l'illustre Trémaux, cet intrépide voyageur qui a parcouru tout le centre de l'Afrique. Il dit : 1° que l'origine problématique de l'homme émane des gourilles ; 2° des milieux qu'il habite.

Nous terminerons notre Jumélie humaine par ces trois points principaux dans lesquels chacun se reconnaîtra facilement. Et puisque tous les livres instruisent, nous terminerons notre étude par citer quelques auteurs à l'appui du relèvement de l'espèce.

Le général Dubourg dit : « C'est par les enfants qu'on peut régénérer une société, l'éducation en fournit les moyens. »

Emile de Girardin dit à son tour : « Les notions de physiologie et d'hygiène nous ont paru devoir être un complément indispensable. Il est donc indispensable de réunir dans l'homme le beau, le bien, l'hygiène et l'éducation. »

Les têtes rondes ont moins de mémoire que les têtes ovales. Les premières n'aiment pas à s'occuper de sciences exactes qui chagrinent son système nerveux.

Lorsque Dupuytren, le célèbre médecin de Charles X, mourut le 8 février 1835, tous les médecins présents à l'autopsie du corps y marquèrent un défaut de symétrie. L'hémisphère gauche était plus volumineux que celui de droite. Cette irrégularité se retrouve chez les enfants qui tiennent du père et de la mère. Si le sexe féminin domine chez l'enfant, la prédominance se portera sur la gauche : c'est un signe particulier aux grands praticiens tels que Bichat, Corvisard et Dupuytren, attendu que les femmes sont douées de la science médicale en naissant. Elles peuvent donc concevoir et produire à volonté. Un jour viendra que les femmes remplaceront les médecins en maintes circonstances dans certaines affections qui prédominent chez les races masculine et féminine. Et pour arriver à ce résultat, il faut que l'homme et la femme se fassent mutuellement leur éducation.

L'idéal seul peut métamorphoser les sélections.

L'histoire de France nous fait connaître qu'une reine, au moment de son accouchement, dit « que la femme qui ne pouvait nourrir et élever son enfant n'était qu'une mère incomplète. » Cette reine a donc donné aux mères l'art d'avoir une belle progéniture.

Nous ne venons donc qu'après elle en faire continuer le génie primitif. Pouvons-nous espérer que l'on voudra bien nous comprendre ; car, la femme seule a le droit de tout réparer et même de détruire son chef-d'œuvre.

Chez l'homme comme chez la femme, le type juméli-que ne peut différer dans les deux sexes.

La main gauche chez les deux sujets est identique ; tandis que la main droite de l'homme ne ressemble point à celle de la femme. Ce point essentiel seul fait connaître à l'instant le principe jumélique.

Il est à remarquer que les animaux, en général, font tout pour embellir leur succession en lui donnant différentes couleurs.

L'homme et la femme ne conçoivent qu'indifféremment.

Humains, recherchez donc le pouvoir de l'amour idéal, et vous obtiendrez une belle progéniture.

Nous ferons remarquer ici qu'il y a un dicton qui nous apprend que l'amour se fait en toutes saisons. Ce proverbe est pour nous une erreur. Plus qu'on ne le pense, les plaisirs sensuels sont de tous moments, il est vrai, mais il en est tout autrement dans l'amour idéal afin d'obtenir de jolis enfants, attendu qu'il est au pouvoir de la mère d'éviter les défauts, les vices même du père et toutes les affections de maladies du corps dans l'intérêt de l'être à venir. La mère, par ses envies de grossesses, peut métamorphoser à l'infini sa progéniture. Cette cause métaphysique est la pierre de touche pour que l'enfant qui en est porteur soit heureux pendant son existence.

Pour arriver au type jumélique il faut posséder deux qualités essentielles : l'idéal dans l'art d'aimer et la science de l'hygiène du corps humain qui est presque toujours oublié.

L'ensemble du père et de la mère, réuni dans les enfants, a deux physionomies. La nature du fait constitue une prolongation dans l'existence des êtres ainsi conçus.

Notre conclusion sera que les enfants d'amour, malgré la libéralité de l'amour idéal à leur égard, ne peuvent pas toujours atteindre aux grandeurs de ce monde. Ces causes sont dues à la diversité de leurs idées.

Homo sapiens dominabitur astriæ !

LA DIOSCURE LUNAIRE

Le satellite de notre globe est resté jusqu'à ce jour un problème à résoudre. Ce point mathématique de la Lune fut oublié, non-seulement par les philosophes de l'antiquité, mais encore par Newton et par le littérateur d'Alembert. Ces deux célèbres écrivains nous ont donc laissé le mérite de trouver l'enveloppe lunaire.

Cette carapace, ou bouclier lunaire, n'a rien de commun avec celui de Saturne, en raison de son éloignement ; alors que celui de notre satellite en est tellement rapproché que l'on peut croire que la Lune ne fasse qu'un globe absolu, tandis qu'elle forme par elle-même deux causes bien distinctes pour un vrai observateur.

La dioscure lunaire étant très-rapprochée l'une de l'autre, il semble qu'il n'y a qu'un seul globe de feu. Une partie de ce même globe présente une face obscure qui a donné lieu de croire qu'il peut être habité ; ce qui n'aurait plus sa raison d'être aujourd'hui, connaissant la dioscure.

La dioscure lunaire n'est autre chose que ce que l'on a l'habitude de nommer la partie rétrograde de la Lune. Cette dioscure nous laisse dans le doute de savoir s'il y a deux mouvements dans l'ensemble de ce globe qui constituent, d'après notre opinion, une nouvelle Jumélie dans le satellite de la Terre.

Maintenant, nous laissons aux vrais astronomes qui possèdent des télescopes perfectionnés, de bien préciser nos observations.

Il faut peu de choses pour faire naître une cause.

La dioscure lunaire est due à une circonstance particulière que nous nous faisons un devoir de faire connaître à nos lecteurs. Avant tout, *il faut rendre à César ce qui appartient à César.*

La dioscure a été remarquée par nous en lisant la *Revue du Grand-Monde* (1) qui dit que Newton et d'Alembert, n'ayant pas trouvé le point mathématique de la Lune, il y a lieu de rechercher ce fait.

Nous avons dû nous préoccuper de cette lacune délaissée jusqu'à ce jour.

Malgré tous les détracteurs de la Lune, nous persistons à dire que ce globe est la perfection du baromètre et du thermomètre ; que sans ce satellite, notre globe ne pourrait exister ; que le voyageur comme le marin et tout homme qui a besoin de connaître le temps vrai, ne peuvent moins faire que de l'apprécier pour arriver à bien.

Après cinquante années d'observations, nous pensions donner au public un vrai roman du temps, mais nous nous sommes ravisé par la cause incessante du variable ; et nous avons imité en cela les grands écrivains qui n'ont jamais consenti à écrire sur ce motif. La preuve en est que M. de La Margue, en 1810, désireux de faire paraître un roman météréologique, fut sollicité de ne pas mettre son idée à exécution.

François Arago, lui-même, ne voulut jamais consentir à prendre la plume pour traiter ou décrire cette cause.

François Iᵉʳ, qui s'est immortalisé comme protecteur des Belles Lettres et qui s'est tout particulièrement fait une réputation par son dicton que chacun répète chaque jour et à tout propos :

Souvent femme varie,
Bien fol est qui s'y fie,

avait donc mille fois raison d'affirmer son ingénieuse appréciation.

Donc, si la femme varie, cela tient à son tempéramment nerveux qui la place au rang de la sensitive.

---

(1) Histoire de d'Alembert par M. Francisque.

Nous ne donnerons donc ici qu'un simple aperçu du temps, et pour remplir le cadre fort restreint de notre opuscule, nous n'avons qu'un désir, celui de nous borner à faire connaître nos observations positives que l'on ne peut trouver dans aucun ouvrage périodique.

Nous ferons observer à nos lecteurs qu'il ne sera possible, à l'avenir, d'écrire sur le temps que lorsque des Observatoires seront établis dans chaque département ; car le temps varie tous les deux cents kilomètres. A ce titre, notre étude s'applique plus spécialement au département des Bouches-du-Rhône qu'aux autres départements. Lorsqu'il pleut en Provence, il peut également pleuvoir à Paris. Cette particularité consiste en ce que le même vent qui procure la pluie à Marseille la donne en même temps à Paris ; ce qui veut dire que le vent du Midi est le seul qui donne de l'eau du Sud au Nord toute l'année.

Dans l'espace de vingt ans, nous n'avons constaté qu'une seule fois de la pluie à Marseille provenant de l'Ouest, et deux fois de l'Est. Les Provençaux le savent bien ; car ils n'ont foi que dans le Labé, vent du Midi.

Aussitôt que la dioscure couvre le globe lunaire, les chaleurs cessent en été et le froid en hiver.

Les 4 jours de lune sont généralement beaux. L'on sent la chaleur sidérale qui va en augmentant au fur et à mesure que l'on arrive vers la pleine lune. A ce moment, la chaleur est moindre, si la Lune est à l'horizon. Le contraire se passe si cet astre se trouve au Zénith, hiver comme été.

Lorsque le Soleil et la Lune sont tous deux visibles en même temps, il est certain que l'on jouira de belles journées.

Plus la Lune reste visible et prolonge sa course avec le Soleil, plus la chaleur ou le froid se fait sentir.

Il faut constamment tenir compte de la Lune passant au Zénith, tandis que lorsque :

Lune à l'horizon,
N'arrose jamais gazon.

Un effet des plus merveilleux que produit la rotation lunaire est celui qui a lieu chaque mois quand la Lune doit passer sous le méridien du Soleil.

Ce mouvement mensuel lunaire est très-brusque.

Il change alternativement le temps. Il peut détourner toutes obervations.

Le quatrième jour de fin de lune est, comme celui que nous avons signalé au commencement du mois lunaire, toujours beau.

Voilà les journées qu'il faut consacrer à la promenade, se mettre en voyage, comme marin savoir sortir ou entrer dans le port, et comme ménagère, profiter de faire écouler sa lessive.

Dans le mois lunaire, il y a seize jours de beau temps dont il faut tenir compte pour ne pas être pris au dépourvu.

Nous donnons ici les quatre faces de la lune qui sont des signes primitifs, dans l'intention de bien faire connaître le temps probable qu'il fera pendant tout le mois lunaire.

La première figure donne constamment le beau temps.

Lune à l'Orient,
Beau temps constant.

La seconde, un peu variable.

La troisième, amène la pluie.

La quatrième, tous les temps possibles, ce qui signifie :

Lune renversée,
Ne point s'y fier.

Cette quatrième face, qui semble porter son globe et

dont l'enveloppe se trouve dans la dioscure, est perpen-
diculaire.

Elle donne lieu aux tempêtes. Ceci doit être un avertis-
sement pour les marins et les cultivateurs en général.

En raison de ces avis, les observateurs sont priés de
porter leur attention aux heures de renouvellement de la
Lune. Celles-ci font, parfois, varier le temps.

Les heures méridiennes sont les plus fixes pour le
temps midi ou 6 heures du soir.

C'est avec regret que nous omettons de parler de la
lune rousse, fort peu connue de tous ceux qui s'occupent
du temps.

L'année 1883 nous a donné sept lunes des plus varia-
bles, qui ont une grande analogie avec la lune rousse.

Toutes ces lunes, demi-roussâtres, nous ont donné une
forte sécheresse pendant toute cette année, dans la Provence.

Nous partageons l'opinion de M. Faye, de l'Académie
des Sciences, à l'égard des pluies qui sont dues à l'influence solaire.

La Lune attire les nuages, les concentre dans l'espace,
et la chaleur des rayons solaires occasionne la pluie.
Mais, la pluralité des pluies, surtout celles de nuit, pro-
viennent des effets lunaires.

Quant aux pluies de jour, elles sont attribuées sans
conteste au Soleil, surtout les jours où il tombe de la
grêle, que les éclairs brillent et que le tonnerre gronde.

Ces faits annoncent que l'électricité aérienne joue un
grand rôle dans l'espace.

Il faut donc forcément considérer notre dioscure comme
étant une Jumélie.

Voilà pourquoi nous la faisons suivre de la Jumélie
humaine.

Pour clore notre Jumélie lunaire, nous dirons qu'au
nombre des astres élémentaires qui nous font goûter les
délices de la Terre, les deux plus flatteurs pour nous sont
ceux qui nous donnent la lumière. Ces deux astres, que

nous trouvons dans l'espace, sont le Soleil et la Lune. L'un et l'autre contribuent le plus au bien être de tout ce qui peut exister sur notre globe.

La dioscure lunaire sera fortement approuvée par les voyageurs terrestres et les navigateurs, et plus particulièrement surtout par ceux qui s'occupent de la stratégie militaire. Le premier point, pour l'homme de guerre, est de savoir et pouvoir attaquer sûrement et habilement son ennemi sur un champ de bataille.

La dioscure lunaire modifie les principes de la Lune qui, eux, seraient trop dominant sur notre globe. Il nous serait impossible de l'habiter en raison des grandes oscillations qui en résulteraient.

La dioscure lunaire est donc un puissant modificateur. Il est nécessaire de la bien connaître à certains moments.

Dans mon opuscule, je me suis servi du mot *espace* plutôt que de celui de *ciel*.

Je ferai remarquer à cet effet que le mot *ciel* appartient au vocabulaire des religions universelles ; et, pour les astronomes, ce mot de *ciel* est complètement nul et doit être banni du langage astronomique.

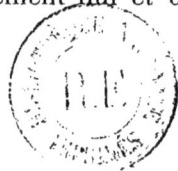

www.ingramcontent.com/pod-product-compliance
Lightning Source LLC
Chambersburg PA
CBHW070713210326
41520CB00016B/4316